金色沃土

研学实践活动教程

主 编◆苗 萃

副主编◆王 轶 韩巍巍 何 军 刘政超

黑龙江大学出版社
HEILONGJIANG UNIVERSITY PRESS

哈尔滨

图书在版编目（CIP）数据

金色沃土研学实践活动教程 / 苗萃主编 . -- 哈尔滨：
黑龙江大学出版社，2024.5
ISBN 978-7-5686-1145-9

Ⅰ . ①金… Ⅱ . ①苗… Ⅲ . ①农业科学－青少年读物
Ⅳ . ① S-49

中国国家版本馆 CIP 数据核字 (2024) 第 086353 号

金色沃土研学实践活动教程
JINSE WOTU YANXUE SHIJIAN HUODONG JIAOCHENG
苗　萃　主编　王　轶　韩巍巍　何　军　刘政超　副主编

责任编辑　杨琳琳　徐晓华
出版发行　黑龙江大学出版社
地　　址　哈尔滨市南岗区学府三道街 36 号
印　　刷　天津创先河普业印刷有限公司
开　　本　880 毫米 ×1230 毫米　1/16
印　　张　3.75
字　　数　46 千
版　　次　2024 年 5 月第 1 版
印　　次　2024 年 5 月第 1 次印刷
书　　号　ISBN 978-7-5686-1145-9
定　　价　21.80 元

本书如有印装错误请与本社联系更换，联系电话：0451-86608666。

编委会成员

前　言

　　中国有着数千年的农耕史，农耕文化彰显着中华民族的思想智慧和精神追求。"深入挖掘农耕文化蕴含的优秀思想观念、人文精神、道德规范，充分发挥其在凝聚人心、教化群众、淳化民风中的重要作用，就能让我国历史悠久的农耕文化在新时代展现历久弥新的魅力和风采。"[1]

　　本课程的设计理念取自农耕文化的内涵，即"应时、取宜、守则、和谐"[2]。应时：意味着对机遇的重视和获取，体现出尊重学生身心发展的特点。取宜：种庄稼最重要的是因地制宜，同理，教育也应因人施教。守则：指准则、规范，强调教育规律的重要性，重视立德树人。和谐：是一种深入现场的田野精神，在熟悉的农耕乡土环境中做真教育，让学生通过亲身体验，感受天人合一、与天地共存的幸福状态。

　　随着研学实践教育的不断发展，本书的内容在使用过程中可能会出现一些新的问题与不足，我们会不断研究，在了解学生使用和实践情况的基础上积极地改进，敬请有关专家学者给我们提出宝贵的意见与建议。由于参加编写人员水平有限，编写时间仓促，书中难免有错漏之处，也恳请广大师生批评指正。在本书的编写过程中我们参考和借鉴了一些其他图书及网站的内容与资料，引用了一些专家、学者的研究成果，在这里一并表示感谢。

目　录

第一章 寻农耕文化起源

▌学习目标

1. 了解农谚农俗的发展历程，了解我国博大精深的农耕文化。

2. 辩识常见农作物，领会农作物春种秋收时节，认识自然规律及其他知识要素。

3. 体会中国数千年农耕文化，培养勇于探索和解决问题的思维习惯。

▌资料链接

农业谚语

1. 瑞雪兆丰年。

2. 冬天麦盖三层被，来年枕着馒头睡。

3. 朝霞不出门，晚霞行千里。

4. 春打六九头，穷人苦出头。

5. 土地是个聚宝盆，看你手脚勤不勤。

6. 白露早，寒露迟，秋分种麦正当时。

7. 秋分谷子割不得，寒露谷子养不得。

8. 立秋雨淋淋，来年好收成。

9. 过了小满十日种，十日不种一场空。

10. 夏至刮东风，半月水来冲。

▶思考与讨论

1. 了解常见的农谚农俗。

2. 说一说农谚农俗的演变。

3. 识别常见的农作物。

▶探究与实践

活动一：了解农业谚语

1. 了解农业谚语的定义

谚语，是一种特殊的语言形式，它来源于劳动人民的口头流传。谚语的语言简练生动，寓意深刻，并能给人以启迪和教育；它通俗易懂，深受广大人民群众的喜爱，在广泛流传中被记录、整理、保存了下来。许多谚语一直延续至今，不仅在产生之时具有社会意义，而且到现在仍然具有一定的指导意义。特别是来自生产方面的农业谚语，是最为广大人民群众所熟知的谚语，对我们的社会生活和生产活动有着极为积极的指导作用。[3]

2. 了解农业谚语的起源

自古以来，谚语始终活跃于人们的生活和生产活动之中，在口头上和书面上都被广泛地运用着。这不仅说明了谚语内容的广博，还同谚语来自民间、与人民群众的农业生产有着密切联系有关。[4] 中国是历史悠久的文明古国，中国的农业经济是在广阔而肥沃的平原土地和丰富的江南水系等得天独厚的自然条件下发展起来的。我国农业生产历史悠久，一代代农民在长年累月的农业生产劳作中，通过反复的实践验证，取得了大量的宝贵经验，摸索出了农业生产上的种种规律，并且把这些规律浓缩到形象、生动、简短的语句中去，由此创造了丰富的农业谚语。我们可以从千百年的谚语中举出许多有关农业方面内容的谚语。农业谚语早在汉代的《四民月令》、三国时期的《毛诗草木鸟兽虫鱼疏》、北魏的《齐民要术》、元末明初的《田家五行》等古书中就有记载。

如果说，音乐、舞蹈、歌谣都起源于劳动，那么农谚实在是农业劳动中从歌谣分化出来的一个重要分支。歌谣与农谚的不同，在于前者是倾诉劳动人民的思想、感情，即着重社会关系方面的，而后者则是描写劳动人民与自然斗争，即着重生产方面的。这种区分是后来逐渐发展的结果，其实两者之间并没有什么特别分明的界限。因为农谚本来也可以包括除了农业生产以外的"立身处世"的经验，再说农谚的音律和谐，合辙押韵，形式动人，富有生活气息，也难与歌谣截然划分。例如《诗经》的"七月""甫田""大田""臣工"等等，既是歌唱农事操作的，又是农民抒发感情的。随着农业生产的发展，农谚才从歌谣中逐渐分化出来。同时，属于纯粹生产经验的农谚，也不断增加、丰富起来，成为指导生产的一个重要部分。[5]262-263

图1-1　参观农业课程体验室

3. 了解农业谚语的作用

农谚是劳动人民在长期生产实践中积累起来的经验结晶，对于农业生产起着一定的指导作用。特别是在封建社会，劳动人民的经验主要靠"父诏其子，兄勉其弟"的口头相传方式流传和继承下来，农谚就是其中的一个方面。例如，在封建社会时期，还没有现代的温度计、湿度计等仪器，农民就将多年生树木的生长状态作为预告农事季节的依据，因为多年生树木的生长在一定程度上反映了客观气候条件，于是产生了"要知五谷，先看五木"的农谚。在指导播种期方面，有许多反映物候学的谚语，如"梨花白，种大豆""樟树落叶桃花红，白豆种子好出瓮""青蛙叫，落谷子"等。更多的是根据二十四节气指出各种作物的适宜播种时期，如"白露早，寒露迟，秋分种麦正当时""人误地一时，地误人一季""白露白，正好种荞麦"等。农民有了这些农谚就能掌握适时播种。另外如"立冬蚕豆小雪麦，一生一世赶勿着""十月种油，不够老婆搽头"等谚语，却是失败教训的总结，提醒人们要抓紧季节耕作，不误农时。[5]263-264

活动二：作物识别——水稻

水稻是人类重要的粮食作物之一，其耕种与食用的历史都相当悠久。

水稻所结稻粒去壳后称大米或米，蒸熟后也就是我们常吃的大米饭。水稻是一年生草本植物，在生育期间需要较多的水分。中国各省区都有栽培，主要分布在生长季雨水充裕和有水源灌溉的地区。[6]

图1-2　在研学基地识别水稻

中国是水稻的原产地之一，也是世界上水稻栽培历史最悠久的国家。中国南方地区农田多以水田为主，粮食作物以水稻为主。稻也是亚洲热带广泛种植的重要谷物。稻主要分为2个亚种，即籼稻与粳稻。[7]

图 1-3　识别多种农作物

▶▶ 感悟 与 评价

一、感悟

农业是国民经济的基础，农业生产涉及社会稳定和粮食安全。人类从采集果实、捕鱼狩猎到刀耕火种，又从粗放耕作到精耕细作，百折不挠，不断地去适应自然、发现和利用规律，最终实现了与自然的和谐统一。我们用世界百分之九的耕地养活了近百分之二十的人口，这是中国的奇迹。通过实践体验，我们亲身领略辉煌而又发达的中国农业文明体系，不断增强自尊心、自豪感，在学习和生活中不断努力、不断创造。

二、评价

根据自己的表现，在下面表格中相应的位置上画"☆"（很好：☆☆☆，好：☆☆，还需努力：☆），并邀请教师对研学表现及研学成果进行评价。

研 学 表 现			研 学 成 果	
认真聆听遵从指挥	活动过程积极参与	团队协作默契高效	对农耕文化历史了解情况	对作物识别情况
教师评语				

知｜识｜延｜伸

袁隆平，江西德安人，1930 年 9 月出生于北平（今北京）。是第五届全国人大代表，第六至十二届全国政协常委。是享誉海内外的著名农业科学家，中国杂交水稻事业的开创者和领导者，中国共产党的亲密朋友，无党派人士的杰出代表，"共和国勋章"获得者，湖南省政协原副主席，国家杂交水稻工程技术研究中心原主任，中国工程院院士。一生致力于杂交水稻技术的研究、应用与推广，被誉为"杂交水稻之父"。于 2021 年 5 月 22 日因病逝世，享年 91 岁。[8]

第二章　探农具演变历史

学习目标

1. 了解我国农具演变史，追溯我国农耕文化的起源，体会我国劳动人民的智慧和才能。

2. 通过农具故事、大豆课堂等活动，培养观察能力、动手操作能力，激发学习热情。

3. 学习农具知识，明确农业技术的进步促进了生产力的发展，也推动了社会的发展。

资料链接

一、古代农具

农业在我国古代是重要的经济支柱。社会的发展和进步以生产力的提升为基础，而生产力的提升则以农具的变革为基础。我国古代的农具从旧石器时代过渡到新石器时代，从简单的石制农具发展到金属农具，从单一的工具发展成为系统化、体系化的农业装备，经历了一个漫长的发展时期。古代农具的演变过程是我国农业文明的一个重要组成部分，也展现了中国人民智慧的结晶。在农具的发展过程中，人们在实践中总结经验，不断改进创新，为我国农业生产的发展做出了重要的贡献。

（一）原始农业时代的农具

原始农业时代正是农业发展的初始阶段，由于耕作方法、耕种工具仍未发展成熟，因此这个时候的农业并不发达，采集、狩猎仍是获取食物的主要方式。后来，为获取更多的食物、满足生存需要，人们除了采集、狩猎，也开始进行耕作种植。这时的耕作方法为刀耕火种，采用的工具是最开始采集和狩猎的工具，后来陆续创造出了一些最原始的农具，如石铲、石斧、石刀、石镰、石磨盘、石磨棒等。

（二）夏商西周时代的农具

到了夏代，农业工具相较于最开始时有初步发展并逐渐完善。商朝时期，青铜铸造技术发达，也出现了青铜农具，但其主要是用于铸造兵器、祭祀用的礼器。又因为青铜器是权力和身份的象征，仅供王公贵族使用，普通老百姓是不允许使用的，同时青铜器冶炼技术复杂，且生产成本较高，硬度较低，不适于制作农具，所以商周时期的青铜农具数量较少，仅在极少部分地区出现。这个时期，石斧、石刀、石铲被更广泛使用，同时还出现了耒耜。

（三）春秋战国时代的农具

春秋战国时代，冶铁业兴起，铁制农具开始出现并逐渐代替石制、木制农具，成为农业生产的主要工具，这个时期的主要农业生产方式为铁犁牛耕，铁农具和牛耕被投入到农业生产中。当时的铁农具种类有锸、锄、镢、犁等。铁制农具极大地推动了农业生产力的发展，促进了社会进步，在我国农业科技史和农业生产工具发展史上引起了巨大变革，同时加速了奴隶制社会的瓦解，是一种划时代的农业工具。

（四）秦汉至宋元时代的农具

秦汉时代，农具制造业取得了重要的进展，农具种类繁多，包括犁、耒、锄、耙等，这些工具的制作技术非常精湛。冶铁业进一步发展，铁农具种类更加丰富、完善，铁犁牛耕的生产方式被进一步广泛运用。冶铁和炼钢技术的进步、生产率的提高，既提高了铁器的质量，也降低了铁器的成本，因而汉代的铁农具就非常普及。铁农具的广泛使用是汉代农业生产力提高的重要标志之一。而在后来，汉代出现的耧车、唐代出现的曲辕犁，更是这一时期农具上的重要发明。

魏晋南北朝时代，农业机械迅速发展，灌溉技术得到了显著改进，包括引水渠道和灌溉系统的广泛使用。这些技术的应用提高了农作物的产量，缩短了耕作时间，并减轻了农民的体力劳动。同时犁具的设计得到了改进，出现了一些新型犁具，极大地提高了耕作效率。

宋元时代，牛套工具日益推广。该工具的出现使犁和牛实现了分离，这种分离使人们能够更加灵活地使用畜力，且在耕作的过程之中实现对耕作方向的准确控制。农具的改进极大地解放了劳动力，促进了商业和手工业的蓬勃发展。

（五）明清时代的农具

在明清时代，我国的农业发展已进入成熟阶段。通过对历代农耕经验的总结，不管是在农业农具还是在耕作方法上，这个时期都已达到我国古代农业经济的顶峰。在农具上，深耕犁开始普遍被运用。在当时，犁有大小、轻重之分，农民根据不同土壤的特点，使用不同的犁进行耕作。深耕犁的出现反映了农具的进一步完善、耕作技术的提高。[9]

图 2-1　熟悉使用农具

二、现代农业机械

农业机械属于相对概念，指用于农业、畜牧业、林业和渔业所有机械的总称，农业机械属于农机具的范畴。[10]　农业机械一般按用途分类，其中大部分是根据农业的特点和各项作业的特殊要求而专门设计制造的，如土壤耕作机械、种植机械、植物保护机械、农用动力机械、农田建设机械、农田排灌机械、作物收获机械、畜牧业机械，以及农产品加工机械等。[11]180

土壤耕作机械是用于对土壤进行翻耕、松碎等的机械，包括铧式犁、圆盘犁、凿式犁和旋耕机等。

种植机械按照种植对象和工艺过程的不同，可分为播种机、栽种机和秧苗栽植机三大类。

植物保护机械用于保护作物和农产品免受病、虫、鸟、兽和杂草等的危害，通常是指用化学方法防治植物病虫害的各种喷施农药的机械，也包括用化学或物理方法除草和用物理方法防治病虫害、驱赶鸟兽所用的机械与设备等。植物保护机械主要有喷雾、喷粉和喷烟机具。

农用动力机械主要有内燃机和装备内燃机的拖拉机，以及电动机、风力机、水轮机和各种小型发电机组等。

农田建设机械用于平整土地、修筑梯田和台田、开挖沟渠、敷设管道和开凿水井等农田建设。其中，推土机、平地机、挖掘机、装载机和凿岩机等土石方机械，与道路和建筑工程用的同类机械基本相同，但大多数（凿岩机除外）与农用拖拉机配套使用，挂接方便，可以提高动力的利用率。其他农田建设机械主要有开沟机、鼠道犁、铲抛机、水井钻机等。

农田排灌机械是用于农田、果园和牧场等灌溉、排水作业的机械，包括水泵、水轮泵、喷灌设备和滴灌设备等。

作物收获机械包括用于收取各种农作物或农产品的各种机械。不同农作物的收获方式和所用的机械都不相同。[11]180-183,[12]

思考 与 讨论

1. 古代农具的演变及发展历程是怎样的？

2. 种植机械按照种植对象和工艺过程的不同，可分为哪几类？

探究 与 实践

活动一：农具故事

以"故事"的形式，集中展示民众赖以为生的农具。同学们通过学习，穿越时空的隧道，了解农具知识，领略祖国灿烂的农业文化。

图2-2　在研学基地识别老式农具

活动二：大豆课堂

学习制作豆腐脑。制作方法：将黄豆浸泡一个晚上，再用豆浆机将泡好的黄豆分批次打成豆浆，接着用纱布过滤掉豆浆里面的豆渣，豆浆连续煮沸，然后关火。取适量内酯，用温水化开，并和豆浆混合在一起搅拌，最后静置 20 分钟即可。

图 2-3　在基地学习制作豆腐脑

▶感悟与评价

一、感悟

中国自古以来就是农业大国，农耕文化源远流长。在"民以食为天"的国度，农业的发展至关重要。而在中华五千年文明中，农具的不断演变，对中国农业文化的发展起到了不可忽视的作用。

二、评价

根据自己的表现，在下面表格中相应的位置上画"☆"（很好：☆☆☆，好：☆☆，还需努力：☆），并邀请教师对研学表现及研学成果进行评价。

研 学 表 现			研 学 成 果	
认真聆听 遵从指挥	活动过程 积极参与	团队协作 默契高效	对农具演变发展 历史的掌握情况	对传统农具和现代 农具的了解情况
教师评语				

知│识│延│伸

赏析跟农具有关的诗句：

1. 耕者忘其犁，锄者忘其锄。（汉乐府《陌上桑》）[13]

2. 罢锄田又废，恋乡不忍逃。（司马扎《锄草怨》）[14]

3. 五亩畦蔬地，秋来日荷锄。（陆游《荷锄》）[15]

4. 千顷绿畴平似掌，蒙蒙春雨动春犁。 （王良谷《环山胜景》）[16]

5. 岁暮锄犁傍空室，呼儿登山收橡实。（张籍《野老歌》）[17]

第三章　研农业发展历程

学习目标

1. 通过学习了解农业发展历程，激发认识大自然的兴趣，培养劳动意识。

2. 参与杂粮作画活动，在创作中感受收获的喜悦，提高美术鉴赏能力，倡导珍惜粮食的传统美德。

3. 了解无土栽培技术，参加无土栽培实践活动，在实践中增强环保意识，培养爱生活、爱环境、爱科学、爱社会的美好情操。

资料链接

一、农业发展历程

（一）原始农业阶段

在原始农业阶段，人所运用的"刀耕火种"是最简陋的农业生产方法。在这段漫长的时间里，人们的思想也在发生改变，只是这种改变相对于后来的传统农业生产和现代农业生产中发生的改变来说慢很多。

图 3-1　了解原始农业

（二）传统农业阶段

在传统农业阶段，人所运用的"铁犁牛耕"是相对于原始农业阶段的"刀耕火种"而言先进很多的一种方式。生产力的提高，让人们的生活、社会的稳定程度和人们的思想认识都发生了改变。

图 3-2　传统农具

（三）现代农业阶段

运用机械化设备，人只要操纵一台机器，半天就能做完之前上百人几天干的事情。现代农业的发展经过了近百年的摸索。在这一过程中，人们的思想在不断地发生着变化，农业发展理念不断更新，提倡健康农业、绿色农业、循环农业、观光农业等。

图 3-3　观光体验现代农业

二、无土栽培技术

（一）无土栽培的定义

无土栽培学是研究无土栽培技术原理、栽培方式和管理技术的一门综合性应用科学。无土栽培具体是指不用天然土壤栽培作物，摆脱对土壤的依赖，而将作物栽培在营养液中。这种营养液根据植物生长发育所需要的各种养分配制而成，可以代替天然土壤向作物提供水分、养分、氧气、温度，使作物能够正常生长并完成其整个生命周期。无土栽培以人为创造的作物根系环境取代了土壤环境，有效地化解了传统土壤栽培中难以化解的水分、空气、养分供应的矛盾，使作物根系处于一个良好的环境条件中。无土栽培技术的发展速度之快，与科学技术的发展是分不开的。我国的无土栽培技术在应用研究方面起步较晚，但较原始的无土栽培技术却有悠久历史。近些年，我国的无土栽培进入迅速发展阶段，无土栽培的面积和技术水平得到了空前的提高。[18-19]

根据所用基质的不同，无土栽培可分为不同的类型，如砂培、水培等。无土栽培使用天然基质（如砂、碎秸秆、锯末、草炭等）或人工基质（如岩棉、珍珠岩等）代替土壤，甚至不使用任何基质。运用营养液直接浸、喷植物根部，又被称为营养液栽培。蔬菜无土栽培不仅能提高产品的产量和质量，而且不占耕地，节省肥水，简化工序，有利于蔬菜生产的现代化和自动化。在我国当前人口多、人口密度大、人均耕地面积相对少、农产品需求旺盛的情况下，无土栽培技术的推广和利用具有广泛的现实意义。[20]

（二）无土栽培的特点

无土栽培都是在温室、大棚内进行的。温室、大棚内的环境条件主要有光照、温湿度和气体等，与外界自然条件不同，需要人工加以调节，以适应园艺作物生长发育的需要，这是决定无土栽培成败的主要技术环节。[21]

无土栽培技术的核心是用基质和营养液代替土壤，因此，利用无土栽培技术可以有效地克服设施栽培中土壤泛盐、土传病虫害和连作障碍，可以在不适于耕作的地方（如盐碱地、沙漠、海岛、阳台、屋顶等）周年栽培，较有土栽培有无法比拟的优越性。无土栽培不但可使地球上许多荒漠变成绿洲，而且在不久的将来，海洋、太空也将成为新的开发利用领域。其作为一项新的现代化农业技术，具备以下优点：科学调控，品质优良；吸收充分，操作简便；清洁卫生，病虫害少；栽培灵活，美化生活。无土栽培的优越性归根结底在于无土栽培所提供的营养的优越性，与土壤栽培相比，无土栽培以营养液的方式向植物提供的营养要比土壤提供的优越得多，其表现为：营养全面而均衡，营养的有效性高，供应充分、迅速等。[19]20

无土栽培作物生长快、生育期短，可实现作物的早熟高产，全年都可以栽培，节约土地，不受环境制约，可在沙漠、戈壁、海岛等不毛之地进行种植，甚至在宇宙飞船和潜艇中都能种植植物。[20] 随着人们对食品的品质要求的提高和安全意识的加强，有机绿色农业生产模式逐渐成为现代农业的发展方向。有机生态型无土栽培技术因其栽培基质来源广泛、操作管理简单、产品洁净卫生、对环境无污染等优点，逐步成为无土栽培推广的首选技术。[22]

虽然无土栽培技术具有诸多优点，但是我们应该清楚地认识到，无土栽培也存在一定的缺点：与土壤栽培相比投资较大，运行成本比较高；对技术要求较为严格；对管理要求最为严格，一旦管理不当，易发生某些病害的迅速传播，造成严重损失。[19]21

（三）无土栽培的分类

无土栽培根据栽培介质的不同可分为水培、雾培和基质栽培等。下面简要介绍这几种类型。

水培：指植物根系直接与营养液接触，不使用基质的栽培方法。

雾培：又称气培或雾气培。它是指将营养液压缩成气雾状并直接喷到作物的根系上，根系悬挂于容器的空间内部。

基质栽培：是无土栽培中推广面积最大的一种方式。它是指将作物的根系固定在有机或无机的基质中，通过滴灌或细流灌溉的方法，供给作物营养液。

▶思考与讨论

1. 我国农业发展经历了几个阶段？分别是什么？

2. 农业发展的几个阶段带给我们的启示是什么？

3. 无土栽培技术的定义及特点分别是什么？

▶探究与实践

活动一：杂粮作画

五谷画是以各类植物种子为材料，利用种子固有的形状和纯天然色泽，经过特殊处理，以粘贴、拼、雕等技术手段，运用构图、线条、明暗色彩等造型手法，按种子自然颜色排列粘贴，所形成的一种独特的视觉艺术形式。在创作时一般先画出轮廓，再将适合造型的杂粮种子用胶水粘上。

图 3-4　学习制作杂粮画

1. 准备工具

纸、笔、胶水、各种杂粮等。

2. 实践过程

（1）设计主题，在纸上画出想要制作的图案。

（2）在需要描边的地方涂上胶水。

（3）将杂粮粘在涂有胶水的描边地方，也可以更换自己喜欢的杂粮。

（4）在想要填充的地方涂上大量的胶水。

（5）选择自己喜欢的杂粮，覆盖在胶水的上面。

3. 注意事项

先描边，再逐个颜色进行涂胶水和覆盖杂粮，不要多种颜色一起进行，不然很容易把不同的杂粮混在一起，显得杂乱无章。

活动二：无土栽培——草莓

草莓是一种多年生草本植物。草莓口感独特，具有很高的营养价值，受到很多人的喜爱。

图 3-5　无土栽培草莓基地

伊春市研学基地种植的草莓采用的是立体无土栽培的方法。采用这种方法能有效利用空间。特别是伊春冬季特别寒冷，需要取暖，用立体栽培的模式还能有效节省能源，一亩地能种植草莓苗 16 000 棵左右。立体种植槽里面是人工配制的基质，浇水采取滴灌的方式。经过实践，在基质中添加了腐熟的鹿粪，以增加土壤肥力，提高草莓的口感。温室大棚采取双层棉被结构，能有效保暖。

实践过程包括如下几个方面。

1. 无土栽培设施的选择

一般采用立柱式草莓无土栽培或者是架式立体草莓无土栽培两种模式。

2. 栽培基质的选择

无土基质可以选用草炭、蛭石、珍珠岩、岩棉、棉籽壳等非土壤材料。可以在其中适当增加一些饼肥，让基质中的养分更充分。同时要特别注意对基质消毒。

3. 秧苗的选择

无土栽培草莓秧苗应该选择二代或者三代苗。

4. 定植

草莓的定植要选择阴天或者下午进行。秧苗之间的距离应在 15 厘米左右。定植前要将病苗、死苗、弱苗、枯萎的枝叶全部清除掉。定植以后要给秧苗充分浇水，温室大棚内需要遮光，4 天以后让秧苗逐步受光。

5. 后期管理

无土栽培草莓采用滴灌的形式来补充营养液。这样做可以实现水肥共施，能充分提高肥料利用率。同时注意让草莓受到充足的光照。

▶ 感悟 与 评价

一、感悟

习近平总书记指出："我国是农业大国，重农固本是安民之基、治国之要。"［《在十九届中央政治局第八次集体学习时的讲话》（2018年9月21日）］[23] 农业是国民经济的基础，农业生产涉及社会稳定和粮食安全。通过学习农业知识，我们看到了农业科技发展的现状，对现代化农业产生了兴趣。在当今社会，农业发展更为迅速，机械化的耕作帮助人们减少了劳动成本，有机化肥的使用在改良土质的同时更加环保。而且，在大力发展农业生产的同时，人们还将现在社会所提倡的可持续发展理念应用到了农业生产和生活中去。

二、评价

根据自己的表现，在下面表格中相应的位置上画"☆"（很好：☆☆☆，好：☆☆，还需努力：☆），并邀请教师对研学表现及研学成果进行评价。

研 学 表 现			研 学 成 果	
认真聆听 遵从指挥	活动过程 积极参与	团队协作 默契高效	农业发展三阶段 带给我们的启示	我国现代农业的 发展状况
教师评语				

知│识│延│伸

基于物联网框架的智慧农业

农业是国民经济的重要组成部分，关系到国家利益与社会和谐。传统的农业生产及管理技术水平低，农业生产效率也低。而智慧农业是利用数字技术、数据分析和人工智能等先进技术手段，对农业生产进行精细化管理和智能化控制的一种新型农业生产模式。

智慧农业涵盖农业生产、管理等各环节工作，集传感技术及计算机处理技术等多项技术为一体，极大地提高了农业生产质量和效率，推动农业持续健康发展。它可以通过实时监测、预测和调控土壤、气象、水文、植物生长情况等各方面信息，为农业生产提供高效、经济、环保的解决方案。

我国人口基数大，而人均占地面积及水资源少，农业发展中存在化肥和农药等生产资料投入较大但利用率不高的问题。虽然农业信息技术也取得了一定的成就，但同现在实际的应用需求相比仍有可以改善的地方。在农业生产过程中，农产品的科学有效管理、质量溯源和远程服务管理等方面还有待提高，农业种植体系的优化升级和相关智能化管理技术尚不成熟。

物联网涉及的技术非常多，包含传感器、智能控制系统等，主要实现定位、检测、调度和安全管理等各项功能。物联网的相关技术已在国内很多领域得到运用，如工农业、医疗卫生等。随着技术的不断发展，物联网会在智慧农业领域得到更加广泛和深入的运用。[24]

第四章 享农事体验活动

学习目标

1. 了解农作物的生长过程及田间管理的科学方法，培养珍惜粮食和热爱劳动的品质。

2. 通过观察、体验、分享等实践活动，提高动手和创新能力，培养劳动精神、环保意识，激发热爱家乡之情。

资料链接

一、农作物的生长过程

农作物指农业上栽种的各种植物，包括粮食作物、油料作物等。可食用的农作物是人类食物的基本来源之一。"民以食为天"表达了人与食物的关系，合理的膳食搭配才能给人类带来健康。食物的自给自足，是一个国家可持续性发展的基础。农作物的生长离不开科学的生产技术和新型工业制造出来的能辅助农业生产的机械设备。

　　一般来说，播种的植物生长的四个过程分别是种子发芽、抽生叶片、抽放花蕾和结果。没有种子的植物靠分株和扦插等措施进行繁殖，所以，它们的生长过程是分株、幼苗成长、开花、结果。

　　发芽是通过种子繁殖的植物萌发的过程。植物胚在种子内部等待，直到外部条件开始分解种子的外壳或种皮。种子需要水和热量才能发芽，水有助于种子破坏种皮。在某些情况下，种皮可能非常坚硬。

　　随着子叶和枝条向上生长，主根和较小的根毛也将开始生长。为了使植物继续生长，必须有适当的土壤或提供适当营养的水。只要能够获得生长所需的适当营养，植物就可以在土壤或水中生长（水产养殖）。一旦根已锚定幼苗，向上移动的生长就会开始。随着细胞的繁殖，植物将继续向上和向外生长，将出现新的叶子。

　　许多植物的花朵也会逐渐出现。随着不断的生长，植物将继续需要土壤和水中的适当养分，以及阳光或正确的人造光。健康状况良好的植物可以达到完全高度和成熟度。

图 4-1　观察农作物

二、农作物的科学管理

在农作物生长期进行科学管理，可以为农作物生长提供适宜条件。田间管理是农作物生长的关键环节之一。合理的田间管理可以提高农作物的产量和品质，同时减少病虫害的发生。

灌溉是农业生产中不可缺少的环节。科学灌溉也可以提高农作物的产量和品质，同时节约水资源。在灌溉时，要根据农作物的需水量和土壤的水分状况来确定灌溉量和灌溉时间，避免浪费水资源。要对农作物进行合理灌溉。水分可以为光合作用等生理活动提供原料，是生物体内的各种生化反应的介质，有助于矿质养料的吸收。水分的散失有助于水分的吸收、水分及矿质养料在植物体内的运输和散热等。对农作物合理施肥可以保证植物体矿质养料的供应，为农作物合成蛋白质、ATP（三磷酸腺苷）、叶绿素等物质提供原料。农作物的生长需要适宜的温度。适宜的昼夜温差有助于有机物在植物体内的积累，提高农作物产量。为加强光合作用，二氧化碳的供应在温室大棚农作物种植中尤为重要。

对于农田里的农作物来说，确保良好的通风透光，既有利于充分利用光能，又可以使空气不断地流过叶面，有助于提供较多的二氧化碳，从而提高光合作用效率。对于温室里的农作物来说，通过增施农家肥料或使用二氧化碳发生器等措施，可以增加温室中二氧化碳的含量，同样能够提高农作物的光合作用效率。

图4-2　田间农作物

要加强病虫害生物防治。尽量不使用农药，减少农药对环境的污染，实现生态系统的良性循环。可以利用天敌捕食关系来消灭害虫，也可以利用昆虫激素来控制害虫，还可以利用昆虫趋光性的特点，用黑光灯捕杀害虫。

科学种植农作物需要综合考虑土壤、气候、农作物生长特点等因素，根据实际情况选择合适的方法和技巧。只有这样，才能提高农业生产效益，满足人民对粮食和其他农产品的需求，促进农业可持续发展。

三、农作物的果实

果实是植物体的一部分。花受精后，子房逐渐长大，成为果实。有些果实可供食用。[25]　很多农作物的果实是长在地面上的，如玉米、大豆、水稻、黄瓜、辣椒、苹果、葡萄等。我们可以根

图4-3　花生

据果实的大小和颜色确定它们的生长情况和成熟度。

　　落花生，又名"花生"或"长生果"，为豆科作物，是优质食用油主要油料品种之一，有很高的经济价值、药用价值和营养价值。

　　花生具有很高的营养价值，内含丰富的脂肪和蛋白质。花生的矿物质含量也很丰富，特别是含有人体必需的氨基酸，有促进脑细胞发育、增强记忆的功能，好吃又有营养。花生具有很高的经济价值：花生油供食用或作为工业原料，油粕可制成副食品或做饲料；花生壳中含有丰富的纤维素，为饲料酵母、酒精等的原料；花生油还可在纺织工业中用作润滑剂，机械制造工业中用作淬火剂。[26]

　　马铃薯，通称土豆，是长在土里的农作物。许多农村家庭都会在园子里种上一些土豆。

　　土豆具有很高的营养价值，含有蛋白质、矿物质（磷、钙等）、维生素等多种成分，且易于消化、吸收。土豆产量高，营养丰富，是粮、菜、饲、工业原料

图 4-4　马铃薯

兼用的农作物。在我国东北的南部、华北和华东地区，土豆作为早春蔬菜成为农民致富的重要农作物；在华东的南部和华南大部，土豆作为冬种作物与水稻轮作，鲜土豆出口可以获得极大的经济效益；在西北地区和西南山区，土豆作为主要的粮食作物发挥着重要的作用。[27]

四、农作物的种子

　　"春种一粒粟，秋收万颗子。"农业生产中通常将种子分成下列几类：

1. 粮食作物种子。这类作物种子包括禾谷类种子、豆类种子和薯类种子。如禾谷类中的水稻、小麦、玉米等的种子，豆类中的大豆、蚕豆等的种子，薯类中的马铃薯、甘薯等的种子。

2. 瓜菜类作物种子。这类种子包括十字花科的白菜、萝卜、油菜、芥菜等的种子，茄果类的茄子、番茄、辣椒的种子，瓜类中的西瓜、甜瓜、丝瓜的种子等。

3. 经济作物种子。这类种子包括纤维作物棉花、红麻、黄麻等的种子，油料作物油菜、花生、芝麻等的种子，糖料作物甘蔗、甜菜等的种子，以及其他作物如烟草、啤酒花等的种子。

4. 果树（干果除外）与茶树种子。果树种子如桃、李、苹果等的种子。

5. 草坪及牧草种子。如燕麦、早熟禾、苏丹草等的种子。

6. 花卉种子。如大丽花、牵牛花、万寿菊等的种子。[28]

农作物的种子贮存很重要。在收获种子或购买种子后，要将种子放在通风的地方，不要把塑料袋口扎得太紧，以防潮湿和不通风。种子最怕的就是被虫子啃咬，对于存放种子的粮仓一定要收拾干净，定期查看和打扫。同时，不能把种子和化肥直接放在一起，因为化肥中含有大量的含氮元素等的化学成分，在高温和与空气接触过程中，化肥中的这些成分会分解到空气中一部分。种子与化肥存放时散发出来的气体接触过多会影响种子的发芽率。只要保存方法正确，种子发霉的事情就通常不会发生。

▶思考与讨论

1. 播种的植物生长有哪几个过程？分别是什么？

2. 你能说出哪些农作物的果实是长在土地里的吗？

▶▶探究 与 实践

活动一：农事体验

小组合作，在伊春市九峰山养心谷研学实践教育营地进行栽植农作物的农事体验。

1. 准备工具

铁锹、水桶、苗木等。

2. 栽植农作物流程

（1）挖坑。根据根系的长、宽挖大小适宜的坑，挖坑时需要将表面的熟土、下面的黄土分倒在坑两侧。

（2）回填。栽植前在坑内先回填部分熟土。

（3）栽植。放苗时，苗要扶正。填土后，绕苗踩实。然后再填一层土，尽量让坑比地面低一些，便于日后浇水养护。

（4）覆土、保墒。将苗栽好后，覆盖一层薄土，以保持水分。

图 4-5　体验采摘乐趣

活动二：金色收获

九峰山生态采摘园建有阳光冷棚 8 栋，温室 3 栋。采摘园分蔬菜种植区、果树栽培区、农耕采摘体验区、游园景观区、科普教育区五个区域，是目前伊春市最大的综合型生态采摘园。园区内种植有油桃、葡萄、柿子、香瓜、草莓、蓝莓、苹果、火参果等绿色瓜果，还有救心菜（费菜）、菊花脑、枸杞菜、板蓝根、蒲公英、九重塔等蔬菜。[29] 同学们可以在采摘园内进行采摘体验，了解各种蔬菜瓜果，感受收获的喜悦。

图 4-6　体验采摘乐趣

活动三：创意果蔬

我们的生活离不开美。生活中到处都可见到美好的事物。艺术来源于生活，生活来源于自然。艺术是对生活的提炼、加工。同学们以小组为单位，用采摘的果蔬进行创意拼搭，摆出各种造型，让各类果蔬在自己的手中变成体现生活美的作品。

图 4-7　创意果蔬画

▶感悟与评价

一、感悟

通过研学实践活动，清楚了大棚内农作物的生长条件，体验了采摘的乐趣，培养了热爱农业、热爱劳动、热爱创造的意识。

二、评价

根据自己的表现，在下面表格中相应的位置上画"☆"（很好：☆☆☆，好：☆☆，还需努力：☆），并邀请教师对研学表现及研学成果进行评价。

研　学　表　现			研　学　成　果	
认真聆听 遵从指挥	活动过程 积极参与	团队协作 默契高效	能独立或合作完成 创意果蔬画作品	参加采摘活动 分享劳动感受
教师评语				

知|识|延|伸

珍贵的黑土地

万物土中生，有土斯有粮。东北地区以珍贵稀有的黑土地资源而闻名，是我国重要的粮食生产优势区、最大的商品粮生产基地。[30]

黑土地需在特定的气候条件下，地表植被死亡后经过长时间腐蚀形成腐殖质后，逐渐演化而成。从气候条件上看，东北雨热同期，植物在春夏生长茂盛，又在秋冬枯萎凋零，大量的枯枝落叶得以积累。而冬冷夏热的分明四季让东北地区的微生物活动具有间歇性的特征，使分解留下的腐殖质和有机质大大增加。此外，干湿交替的气候特点使地面在干燥期形成裂缝，枯枝败叶落入土壤深层，又在湿润期随着雨量增加迅速膨胀，形成了土地自然翻转的过程。[31]

回顾历史，20世纪50年代末开发北大荒时，面对广袤而肥沃的黑土地，人们发出了"捏把黑土冒油花，插根筷子能发芽"的赞叹。如今，东北黑土地上的粮食总产量和商品粮产量分别占全国的1/4和1/3，足见黑土地作为粮食生产战略资源的重要价值。同时也要看到，几十年来的高产稳产，不可避免会对黑土地肥力造成一定透支，出现土壤有机质下降等问题。[30]

2020年，习近平总书记在吉林考察时强调，"采取有效措施切实把黑土地这个'耕地中的大熊猫'保护好、利用好，使之永远造福人民"。这一关于黑土地保护的重要指示再次表明，粮食安全这根弦任何时候都不能松，保障粮食安全必须守好基本田。[30]

图4-8　了解黑土地

第五章　悟乡村全面振兴

学习目标

1. 理解全面推进乡村振兴战略的重要意义和具体举措。

2. 培养探究精神和调研能力，学会自主学习。

3. 培养乡土情怀，认识并发掘乡村资源，不断助力乡村振兴。

资料链接

关于乡村振兴

党的二十大报告提出"全面推进乡村振兴"。要"坚持农业农村优先发展"，"加快建设农业强国，扎实推动乡村产业、人才、文化、生态、组织振兴"，"全方位夯实粮食安全根基"，"牢牢守住十八亿亩耕地红线"，"确保中国人的饭碗牢牢端在自己手中"，"巩固拓展脱贫攻坚成果"。[32]

党的十八大以来，党中央始终把解决好"三农"问题作为工作的重中之重，打赢了脱贫攻坚战，启动了乡村振兴战略，农业农村发展取得历史性成就，发生历史性变革。脱贫攻坚与乡村振兴有效衔接是在打赢脱贫攻坚战、逐步实现全体人民共同富裕目标及农业农村现代化工作重心转移的背景下所做出的重大举措。

产业振兴是乡村振兴的基础，要挖掘产业潜力，推进一二三产业在乡村深度融合，不断推动农村多元产业发展，适应市场发展需求，完善农业产业价值链和利益链，不断提高现代农业的核心竞争力，促进产业优化升级；要重点发展和建设新的乡村工业职能，立足于市场的需要，充分发挥当地交通、人脉等资源，增加乡村优质服务供给，形成乡村新的消费吸引力；要积极开拓新型的乡村工业，深入开展"电子商务服务一体化示范平台"建设，大力发展多种农业经营方式，把网络技术推广到农产品电子商务，要充分发挥农村的资源优势，推动农业产业化向多行业、多业态延伸，促进新型农村新型业态的发展。[33]

▶思考与讨论

1. 近几年，你看到林区发生了哪些变化？

2. 怎样利用网络技术推广家乡特产？

▶探究与实践

活动一：制作家乡美食

（一）制作黏豆包

1. 食材准备

红芸豆、绵白糖、大黄米、大米、盐、酵母粉等。

2. 制作步骤

（1）将红芸豆洗净，加清水放入冰箱浸泡一夜，之后，倒入锅中，加四倍以上的水并用大火煮开，再用小火煮约一个半小时。

（2）煮至红芸豆软烂时，如果锅中还有水分，可以将多余的水倒出来，加入足量的绵白糖，继续煮干，再放一小勺盐，沿一个方向搅拌至豆子软烂、锅底变干。

（3）将大黄米和大米按 5∶1 的比例磨粉备用。

（4）酵母粉加温水稀释后，一点点倒入米粉中。一边倒一边用筷子混合均匀，混合到米粉团可以黏合又不粘手为合适。

（5）将米粉团用手压平，盖上保鲜膜，放到温暖处发酵两个小时。

（6）揪一小块米粉团在掌心中压扁，放入小块豆馅，一手托住米粉团，另一手用拇指和食指慢慢向上推米粉团至合拢。

（7）将米粉团收口向下，两手将米粉团旋转团圆即可。

（8）锅中烧水，待水开后，放入包好的黏豆包，蒸十五分钟左右即可。

3. 烹饪技巧

蒸的时间不要太长，否则黏豆包容易裂开。

图 5-1　蒸黏豆包

（二）包饺子

1. 食材准备

面粉、肉馅、葱花、姜末、花椒粉或五香粉、盐、酱油、料酒等。

2. 制作步骤

饺子的烹调方法，主要是煮、蒸、烙、煎、炸、烤。我们选取的是煮饺的制作方法。

（1）和面。用凉水和面，将面揉成面团后，放置 20 分钟。

（2）拌馅。将剁好的肉馅加少量水搅拌，加入葱花、姜末、花椒粉或五香粉、盐、酱油、料酒，朝一个方向搅拌均匀并调节咸淡。

（3）制皮。把饧好的面团放在案板上，搓成圆柱形长条，把柱条揪（或切）成小段，用手压扁，再用擀面杖擀成饺子皮。

（4）包饺子。将饺子馅放入皮中央，如果技术不熟练的话，不要放太多馅。先捏中央，再捏两边，然后将饺子皮边缘挤一下，这样饺子下锅煮时就不会煮坏了。

（5）煮饺子。烧一锅开水，等水沸腾时，将饺子放入，并及时搅动（顺时针），防止饺子在水中粘在一起。把大火改成小火，加盖煮，等到饺子浮在水面上即可捞出。

图 5-2 体验包饺子

活动二：初识电商助农

1. 了解电商活动

电商全称为电子商务，是指通过电子工具和互联网手段配合进行的商务活动。电商运营的工作包括：

（1）负责电商平台的运营，包括活动策划、在线宣传推广、品牌定位包装及日常管理等。

（2）根据营销数据进行深入分析，对每个产品运营情况进行评估，提炼卖点，指导美工进行页面优化，提升搜索量，增加销量。

（3）负责收集市场和行业信息，分析竞争对手，关注对手的变化和定价等营销策略，结合自身产品优势提供有效方案。

（4）熟悉各电商平台的运营环境、交易规则，以及广告资源等。

2. 熟悉直播设备

常见的直播设备及说明如下：

（1）手机：可准备两台，一台用于直播（一般建议使用配置较高的手机），另一台用于观看直播效果、粉丝留言，以及与粉丝互动。

（2）手机支架：用于稳定放置手机，解放主播双手。

（3）补光灯：弥补光照不足，提高拍摄质量。

（4）充电设备：备好移动电源或者确保直播场地可随时充电。

通常来说，设备需要在开播前调试好，并且保障网络信号稳定。同时注意防止电话中途接入导致网络中断。

3. 制定助农方案

在当今时代，农业产业升级、城乡均衡发展成为大势所趋，短视频直播以大众喜闻乐见的形式呈现出来，人人可见，优质的农产品可通过短视频显现在大众视野里。同学们可以模拟设计助农方案，为家乡的农产品和林下产品推广销售献出自己的一份力量。

活动三：我爱家乡林都

1. 家乡的风土人情

要想感受接地气儿的东北民俗文化，一定不能错过住火炕、粘花灯、杀年猪、写春联、剪窗花、扭秧歌等"林海人家过大年"的民俗。

2. 家乡的特产

了解北沉香、北红玛瑙、红松子、蓝莓、桦树汁、山野菜、蘑菇、黑木耳、森林猪、椴树蜜、铁力大米、嘉荫大豆等伊春特产。

3. 家乡的旅游资源[34-35]

（1）地文景观

小兴安岭经过亿万年的地质变迁，形成了千奇百怪的象形山石，沉积了不同地质年代的古生物化石，形成了多达72处的地文景观，其中尤以汤旺河林海奇石、嘉荫茅兰沟、嘉荫恐龙国家地质公园、朗乡石林、桃山悬羊峰、南岔仙翁山为代表。

（2）水域风光

伊春市域内有大小河流702条，漂流河段、冷泉、湖区、沼泽、湿地、潭池、悬瀑和暗河广泛分布，水系发达，水质清澈，两岸景观丰富，适于开展观光游憩、滨水度假。其中生态系统保护完好的汤旺河水系和中俄界河黑龙江以及围绕两大水系开发的各类水库湖泊，是主要的水上旅游基地。已开发了金山屯大丰河的小兴安岭第一漂、五营丰林河原始森林漂、铁力依吉密河休闲漂、美溪金沙河逍遥漂、桃山小呼兰河探秘漂等10余处漂流河段。

（3）气候景观

由于小兴安岭大森林的调节作用，伊春夏季平均气温为20 ℃—22 ℃，而且林间空气清新，含有丰富的负氧离子和植物芳香气味，有"天然氧吧"的美誉，使伊春成为天然的避暑旅游胜地，也是避暑度假、康体养生的理想之地。

（4）冰雪景观

伊春属寒温带大陆性季风气候，冬季雪量大、雪期长、雪质好，海拔1 000米左右，且多处坡度、坡向和雪量、雪质适于设立大型滑雪场。域内山峦起伏，森林植被茂密，各种野生动物资源丰富，适合开展狩猎旅游。目前，伊春已建有S级及以上滑雪场4家。受森林与平原交错形成的气候影响，特别是林中冰雪与山脉、河流的交错，形成了景观独特、气势宏大的特色森林雾凇，在国内外具有较高的知名度。

（5）生物景观

近400万公顷的大森林孕育了1 390多种植物，300多种野生动物，林地、独树、林间花卉及鸟类栖息地等资源类型均匀分布于小兴安岭林海中。其中，最具代表性的是五营区内现存的亚洲面积最大、保存最完整的红松原始林，五营丰林自然保护区已被联合国教科文组织纳入"世界生物圈保护区网"。

（6）人文景观

伊春历史遗迹类景观、建筑与设施类景观也有较广泛的分布，最具代表性的有伊春森林博物馆、中国林都木雕园、抗联遗址和少数民族风情园等。

依托丰富的旅游资源，经过多年的开发建设，伊春已建成国家3A级及以上的旅游景区30余家，全国休闲农业与乡村旅游示范点2个，省S级及以上滑雪场4家，国家森林公园12个，国家地质公园3个，国家级自然保护区7个。

▶ 感悟 与 评价

一、感悟

在社会主义建设和改革中，涌现了许多像马永顺、张子良、孙海军那样的劳模人物。他们用甘于奉献的劳模精神、勇于创新的工匠精神建设家乡。伊春林区经过"三次创业"，走出了绿色转型发展的新道路。家乡的建设需要每个人的拼搏、奋斗。让我们共同努力，用实际行动投身到建设家乡的行列中。

二、评价

根据自己的表现，在下面表格中相应的位置上画"☆"（很好：☆☆☆，好：☆☆，还需努力：☆），并邀请教师对研学表现及研学成果进行评价。

研 学 表 现			研 学 成 果	
认真聆听遵从指挥	活动过程积极参与	团队协作默契高效	对乡村振兴的理解	提出建设家乡的建议
教师评语				

知│识│延│伸

我国是农业大国，"三农问题"一直受到党中央的高度重视。乡村兴则国家兴，乡村衰则国家衰。

乡村振兴的总要求：产业兴旺、生态宜居、乡风文明、治理有效、生活富裕。[36]

乡村振兴包括：产业振兴、人才振兴、文化振兴、生态振兴、组织振兴。[32]

乡村振兴的意义：

1. 实施乡村振兴战略是建设现代化经济体系的重要基础。

2. 实施乡村振兴战略是建设美丽中国的关键举措。

3. 实施乡村振兴战略是传承中华优秀传统文化的有效途径。

4. 实施乡村振兴战略是健全现代社会治理格局的固本之策。

5. 实施乡村振兴战略是实现全体人民共同富裕的必然选择。

总的来说，实施乡村振兴战略，是解决新时代我国社会主要矛盾、实现"两个一百年"奋斗目标和中华民族伟大复兴中国梦的必然要求，具有重大现实意义和深远历史意义。[37]

参考文献

［1］朱信凯. 农耕文化是中华民族宝贵的文化遗产和文化资源［N］. 学习时报，2023-07-07（6）.

［2］陈文胜. 中国乡村发现 总第 56 辑 2021（1）［M］. 长沙：湖南师范大学出版社，2021：35.

［3］惠明. 关中农业生产民俗［M］. 西安：西安交通大学出版社，2014：129.

［4］佘时佑. 数字密码：影响中国人生活的 36 个数字［M］. 北京：群众出版社，2010：63.

［5］游修龄. 农史研究文集［M］. 北京：中国农业出版社，1999.

［6］陈至立. 辞海［M］. 7 版. 上海：上海辞书出版社，2020：4059.

［7］秭归县中医医院，秭归县中医药学会. 秭归药用植物志［M］. 武汉：华中科技大学出版社，2020：635.

［8］袁隆平同志逝世［EB/OL］.（2021-05-24）［2023-09-23］. https：//www. gov. cn/xinwen/2021-05/24/content_ 5610838. htm.

［9］周昕. 中国农具史纲及图谱［M］. 北京：中国建材工业出版社，

1998：3-101.

[10] 曾琼芳. 机械零件制作 ［M］. 湘潭：湘潭大学出版社，
2015：236.

[11] 谢黎明，沈浩，靳岚. 机械工程导论 ［M］. 武汉：武汉大学出
版社，2011.

[12] 中国大百科全书总编辑委员会《机械工程》编辑委员会，中国
大百科全书出版社编辑部. 中国大百科全书：机械工程2 ［M］.
北京：中国大百科全书出版社，1987：537-539.

[13] 周掌胜，彭万隆.（全图本）新编千家诗评注 ［M］. 杭州：浙江
古籍出版社，2018：281.

[14] 彭定求，等. 全唐诗：精华版 ［M］. 西安：陕西人民出版社，
2021：1795.

[15] 钱仲联，马亚中. 陆游全集校注 7. 剑南诗稿校注 7 ［M］. 杭
州：浙江教育出版社，2011：190.

[16] 万向思维语言研究所词典编辑室，刘增利. 小学生多功能字典
［M］. 北京：北京教育出版社，2011：457.

[17] 王启兴. 校编全唐诗 ［M］. 武汉：湖北人民出版社，
2001：1689.

[18] 万军. 国内外无土栽培技术现状及发展趋势 ［J］. 科技创新导
报，2011（3）：11.

[19] 魏明丽，王野. 浅谈无土栽培技术 ［J］. 种子世界，2011（12）：
20-21.

[20] 王桂云. 作物无土栽培技术的概论 ［J］. 科技信息，2011
（25）：769.

[21] 屈志松. 设施作物无土栽培技术 ［J］. 现代农村科技，2011

（10）：53.

[22] 马桂花. 日光温室黄瓜有机生态型无土栽培技术［J］. 北方园艺，2011（19）：44.

[23] 中共中央党史和文献研究院. 习近平关于"三农"工作论述摘编——一、坚持农业农村优先发展，实施乡村振兴战略［EB/OL］.（2019-06-25）［2023-09-23］. http：//www. moa. gov. cn/ztzl/xjpgysngzzyls/zyll/202105/t20210521_ 6368112. htm.

[24] 訾婷，王士龙. 物联网技术在智慧农业中的应用［J］. 农业工程技术，2021，41（36）：18-19.

[25] 中国社会科学院语言研究所词典编辑室. 现代汉语词典［M］. 7版. 北京：商务印书馆，2016：500.

[26] 聂绍荃，张艳华，等. 黑龙江省植物志：第六卷［M］. 哈尔滨：东北林业大学出版社，1998：229.

[27] 左晓斌，邹积田. 脱毒马铃薯良种繁育与栽培技术［M］. 北京：科学普及出版社，2012：1.

[28] 共青团中央青农部，周志魁. 农作物种子经营指南［M］. 北京：中国农业出版社，2007：1.

[29] 九峰山养心谷. 景点介绍［EB/OL］.［2023-09-23］. http：//www. hljjfs. cn/view_ er. php？ class_ id＝15&id＝91.

[30] 常钦. 采取有效措施把黑土地保护好利用好［N］. 人民日报，2020-07-29（5）.

[31] 珍贵的黑土资源保障国家粮食安全［EB/OL］.（2022-12-26）［2023-09-23］. https：//m. gmw. cn/baijia/2022-12/26/1303235485. html.

[32] 习近平. 高举中国特色社会主义伟大旗帜 为全面建设社会主义

现代化国家而团结奋斗——在中国共产党第二十次全国代表大会上的报告［EB/OL］.（2022-10-25）［2023-09-23］. https：//www. gov. cn/xinwen/2022-10/25/content_5721685. htm.

［33］吴骋. 学习贯彻党的二十大精神，全面推进乡村振兴［N/OL］. 都江堰报，2023-01-31［2023-09-23］. http：//www. djy-media. com/content/2023-01/31/013108. html.

［34］伊春｜旅游资源［EB/OL］.（2018-05-11）［2023-09-23］. http：//www. people. com. cn/GB/n1/2018/0511/c419559-29980525. html.

［35］伊春市人民政府. 资源［EB/OL］.（2021-12-01）［2023-09-23］. https：//www. yc. gov. cn/ycsrmzf/c101993/202112/166190. shtml.

［36］习近平. 决胜全面建成小康社会 夺取新时代中国特色社会主义伟大胜利——在中国共产党第十九次全国代表大会上的报告［EB/OL］.（2017-10-27）［2023-09-23］. https：//www. gov. cn/zhuanti/2017-10/27/content_5234876. htm.

［37］中共中央国务院. 乡村振兴战略规划（2018—2022年）［EB/OL］.（2018-09-26）［2023-09-23］. https：//www. gov. cn/zhengce/2018/09/26/content_5325534. htm.